数学时空大冒险

拯救美尼亚星

梁平 智慧鸟 著

吉林出版集团股份有限公司 | 全国百佳图书出版单位

图书在版编目（CIP）数据

拯救美尼亚星 / 梁平，智慧鸟著 . -- 长春 : 吉林
出版集团股份有限公司，2024.2
（数学时空大冒险）
ISBN 978-7-5731-4540-6

Ⅰ.①拯… Ⅱ.①梁… ②智… Ⅲ.①数学 – 儿童读
物 Ⅳ.① O1-49

中国国家版本馆CIP数据核字(2024) 第016538号

数学时空大冒险
ZHENGJIU MEINIYA XING

拯救美尼亚星

著　者：梁　平　智慧鸟
出版策划：崔文辉
项目统筹：郝秋月
责任编辑：金佳音
出　　版：吉林出版集团股份有限公司（www.jlpg.cn）
　　　　　（长春市福祉大路5788号，邮政编码：130118）
发　　行：吉林出版集团译文图书经营有限公司
　　　　　（http://shop34896900.taobao.com）
电　　话：总编办 0431-81629909　　营销部 0431-81629880 / 81629900
印　　刷：三河兴达印务有限公司
开　　本：720mm×1000mm　1/16
印　　张：7.5
字　　数：100千字
版　　次：2024年2月第1版
印　　次：2024年2月第1次印刷
书　　号：ISBN 978-7-5731-4540-6
定　　价：28.00元
印装错误请与承印厂联系　　电话：15931648885

前言

故事与数学紧密结合，趣味十足

在精彩奇幻的故事里融入数学知识
在潜移默化中激发孩子的科学兴趣

全方位系统训练，打下坚实基础

从易到难循序渐进的学习方式
让孩子轻松走进数学世界

数学理论趣解，培养科学的思维方式

简单易懂的数学解析
让孩子更容易用逻辑思维去理解数学本质

数学，在人类的历史发展中起到非常重要的作用。在我们的日常生活中，每时每刻都会用到数学。而要探索浩渺宇宙的无穷奥秘，揭示基本粒子的运行规律，就更离不开数学了。你有没有想过，万一有一天外星人来袭，数学是不是也可以帮我们的忙呢？

　　没错，数学就是这么神奇。在这套书里，你可以跟随小主人公，利用各种数学知识来抵抗外星人。这可不完全是异想天开，其实数学的用处比课本上讲的要多得多，也神奇得多。不信？那就翻开书看看吧。

人物介绍

米果

一个普通的小学生，对什么都好奇，尤其喜欢钻研科学知识。他心地善良，虽然有时有一点儿"马大哈"，但如果认准一件事，一定会用尽全力去完成。他无意中被卷入星际战争，成为一名勇敢的少年宇宙战士。

米果机甲

宇宙博士

抵御外星人进攻的科学家，一位严肃而充满爱心的睿智老人。

专为米果设计的智能战斗机甲，可以在战斗中保护米果的安全。后经过守护神龙的升级，这套机甲成了具有独立思想的智能机甲，也帮助米果成为一位真正的少年宇宙战士。

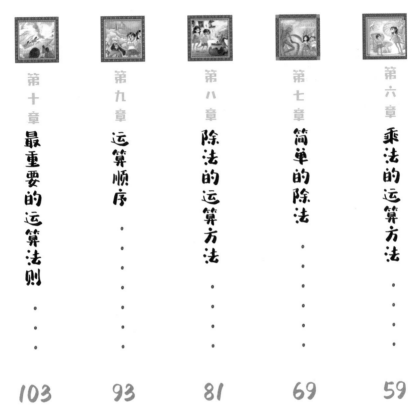

"+" 加号

目录
CONTENTS

第一章

加法的秘密

扫码开始

冒险勇气值测试

冒险智慧值提升

冒险游戏值挑战

"做好准备，迎接接下来的考验吧！"

守护神龙的咆哮声在英灵殿中激起一圈圈涟漪般的回声，米果被震得眼花，仿佛看到无数金星在脑袋周围转圈圈，四周的景物逐渐模糊了起来。

"就是这里了。"

米果双手捂紧耳朵，却并没有阻隔守护神龙的声音。当他再次听到守护神龙的召唤，睁开眼睛时，发现小仙女和宇宙博士都不见了，而自己则来到了一处陌生的新环境之中。

天空愁云惨淡，灰暗的乌云不住地翻滚着，低得仿佛就压在头顶。

四周的空气中弥漫着一股腥臭的味道，目之所及的地面布满了嶙峋的怪石，地表竟然连一棵植物都看不到，只有一些时不时从地下涌出的黏黑恶臭的液体在流淌。

"好臭，好臭，这是哪里？"

米果被来自空气和地表的臭味熏得睁不开眼睛，捂着鼻子大声问道。

　　"跟我来。"守护神龙长长地叹了一口气，带着米果翻过一座
小小的丘陵，指着环形丘陵中间的一处盆地，说，"你看那里。"

　　米果强忍着恶臭向盆地望去，远远地看到了一座简陋的村落，
居住在那里的是一群长着长尾巴、用两只脚跳来跳去的奇怪生物。

　　守护神龙接着说："这些是长尾人，是美尼亚星少数还存在的
种族之一。你难道不应该去和他们的'主人'打个招呼吗？"

　　接着守护神龙身形模糊，慢慢消失在了米果的眼前。

　　"唉，也不知道这些长尾人凶不凶……"

米果挠着头，无奈地走向了盆地。

盆地中的环境似乎更加恶劣，一股股赤红的岩浆涌出地表，咕嘟咕嘟地翻滚着，聚集成了几条冒着火焰的岩浆河。

就在这些岩浆河中突起的石块间隙，竟然交错生长着一棵棵树木，树上竟然还结出了一颗颗大大的红色果子。

一个长尾女孩在分布其间的滚烫石块上跳来跳去，艰难地摘着果子。

　　一看她摘果子的方法，米果不禁想起了狗熊掰玉米的故事：狗熊去田地里偷玉米，掰下一根玉米就夹在胳肢窝里，然后掰下另一根玉米还往胳肢窝里夹，就在抬起胳膊的一瞬间，先掰的玉米就掉在了地上。可不懂数学的狗熊却没有发现什么异常，整整掰了一个晚上，结果胳肢窝里始终只有一根玉米。

　　现在这个长尾女孩也是这个样子，她每摘下一颗果子就用自己的尾巴卷起来，可每当她又摘到一颗果子的时候，之前尾巴卷起的果子就掉落了下去。忙了大半天，她依然只有两颗果子——尾巴上的一颗和手上的一颗，其他掉落的果子立刻就被炙热的岩浆吞噬掉了。

米果在一边看得着急，也顾不上考虑长尾人是不是危险生物了，快步冲到岩浆河流的边上，忍受着热浪的冲击喊道："喂，你不要只顾着摘，要计算一下你究竟摘了多少才行啊！"

"计算？什么是计算？"

正在忙碌的长尾女孩循声望过来，可她似乎只对米果说的话感到奇怪，并没有觉得米果的样子有什么异常。

米果低头一看，这才发现自己身上竟然也长出了鳞片，背后也有一条长长的尾巴！原来，自己不知道什么时候已经被守护神龙变成长尾人的模样了。

这样也好，沟通起来就没有那么麻烦了。

米果彻底放下了心，认真地向面前的长尾女孩解释了起来："你必须学会计数，然后用加法计算出你摘的果子的总数，才不会浪费自己的劳动成果。"

"加法？"长尾女孩看着自己手中的果子，似乎感到困惑起来。

　　那么，接下来就让我们和长尾女孩一起，跟着米果重新学习一次加法的概念吧。

什么是加法？

加法是数学的基本运算之一，可以理解为把若干自然数合并起来的运算。表示加法的符号是"+"，读作"加号"。

注意下面这些苹果，把4个苹果和5个苹果放在一起后，就变成了9个苹果。我们换一种说法，就是4个苹果加5个苹果等于9个苹果。生活中，要用到加法的类似情况很多。

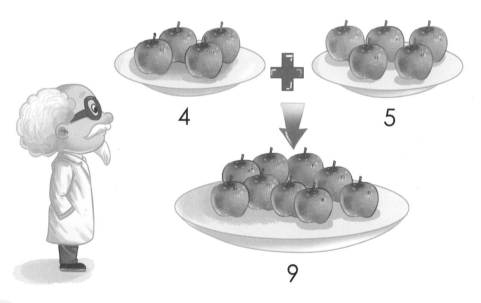

换一种思路理解加法：2+5= ？

让我们先来画一根数轴，在平均标出的点下面依次标上数字 0~10。

在数轴上找到 2。

然后从 2 往右数 5 个点，就得到了 7。

所以我们可以说：2+5=7。

"原来这就是加法，真是太有用了！"

长尾女孩似乎并不笨，很快就学会了计数和加法，她懊恼地望着手中的果子说："难怪我之前那么辛苦地劳动，收获却那么少，原来都是在做无用功啊！"

米果刚想摆出老师的姿态说几句谦虚的话，眼前的长尾女孩却忽然转过身去，连蹦带跳地去往盆地深处。

"喂，这样对老师也太没礼貌了吧？"

被丢下的米果十分尴尬，都不知道接下来该干什么了。

"这是一颗被人为破坏的星球。"守护神龙的声音从米果背后传来。米果转过头，发现守护神龙竟然就在自己身边。

藏在烟雾中的守护神龙若隐若现，但它的声音却依然清晰：
　　"千百年前，一股邪恶的力量占领了曾经富饶的美尼亚星，并从历史的源头抹掉了美尼亚星上的数学知识，使原本有着先进科技、和地球一样富饶的美尼亚星迅速衰落回原始状态，直到变成了现在这个模样。"

　　"什么？这里曾经和地球一样富饶？"米果简直不敢相信自己的眼睛。

　　"我这次给你的任务就是重新教会长尾人数学，使他们再次进入文明社会，改造并拯救自己的星球。"

　　"什么？教他们数学？时空数学管理局的任务不是和邪恶力量战斗吗？我想做的是一名守护宇宙和平的战士，可不是当老师。"米果立刻回过头，向守护神龙抗议了起来。

　　"米果，战争永远都是最无奈的选择，进入英灵殿的英雄们，更多的是终其一生在传播知识以及和平的智慧啊！"

"可是，我自己还是个小学生，怎么能教……"

但守护神龙根本不给米果拒绝的机会，再一次消失在他的眼前。

"这次是真的再见了，要认真完成你的任务啊！"

与此同时，盆地的深处忽然传来一阵喧闹声，嘈杂的呼喊声伴着滚滚烟尘奔向了米果。

"怎么回事？发生了什么？"

等米果发现是一大群蹦蹦跳跳的长尾人向自己冲过来时，想跑已经晚了。

长尾人蹦跳的速度真是太快了，米果很快就被一群高矮不一的长尾人包围在了中间，带头的正是那个刚刚向他学习了加法的长尾女孩。

　　"守护神龙！快来救我啊！"

　　望着把自己包围起来的长尾人，米果心里无比恐惧，他听宇宙博士讲过很多蛮荒星球的故事，食人部落在宇宙中简直再常见不过了。

　　"求求你们，不要吃我，我一点儿也不好吃！我经常吃垃圾食品、喝碳酸饮料，你们吃了我会闹肚子的。守护神龙，你在哪里？快救救我啊！"

米果双手抱头蹲在地上，一边求饶，一边呼救。可过了好久，他却并没有感到疼痛，也没有等来想象中的攻击。

米果诧异地抬起头，发现在一阵阵嘈杂的呼喊声中，长尾人并没有要攻击他的意思，反而是用一张张笑脸在等待着他。

"原来……他们是在欢迎我啊！"

米果终于搞明白了眼前的状况。

那个最早出现的长尾女孩走过来，对米果说："我叫多多，很感谢你教给了我加法，所以我就带着族人来欢迎你了。"

　　"我是流浪者小艾，你们的欢迎也太热烈了，差点儿吓到我。"米果长出了一口气，为了以防万一，他编了个假名字。

　　紧接着，人群中走出了一个年迈的长尾长者，他拄着拐杖，颤巍巍地来到米果的身边，深深地鞠了一躬："太感谢你了，外乡人！有了你教给我们的加法，我们村子的工作效率就能大大提高了，请你一定要到村子里接受我们的谢意呀！"

　　米果探头向四面看了一下，确定守护神龙并没有隐藏在附近，无处可去的他也只好接受了村民们的邀请。

可一到村子里，米果立刻发现了一件奇怪的事。只见村民正在把所有的果子以 10 颗一堆、10 颗一堆的形式分堆摆放，浪费了很多空间。

"你们为什么不把所有的果子都放在一起呢？"米果奇怪地问。

村民们连连摆手："因为我们只会用加法计算 10 以内的数量，都堆放在一起我们就不知道果子一共有多少了。"

米果这才想起来，自己刚刚教给多多的只是 10 以内的加法。

他连忙说："不用这么麻烦，我接下来教你们一个竖式加法的运算方法，无论多少数位，多么复杂的加法，都可以用它来运算。"

两位数以上的加法，我们可以用竖式来计算。学会竖式计算后，即使是数字很大的加法运算，也会变得井然有序、一目了然，加法就再也难不倒我们了。

我们可以尝试用竖式进行计算：2579+6643= ？

首先我们要把相同数位对齐，上下排列，初学的小朋友还可以在数字上方标明数位。

千位	百位	十位	个位
2	5	7	9
+ 6	6	4	3

然后我们再从个位开始将对应位置的数字上下相加。在我们这个例子中，首先要将个位上的9和3相加，结果是12。那么根据十进制的运算法则，我们需要将12中的1写到十位上，等待下一步的运用。

接下来我们用十位上的7和4相加，再加上个位数进上来的1，得到12个十，这个时候我们把2写在十位上，把1进到百位上等待使用。

千位	百位	十位	个位
2	5	7	9
+ 6	6	4₁	3
			2

千位	百位	十位	个位
2	5	7	9
+ 6	6₁	4₁	3
		2	2

接下来我们把百位上的5和6相加，并加上十位数进上来的1，得到12个百。同上，把2写在百位上，另一个1进到千位上等待使用。

最后我们把千位上的2和6相加，再加上百位数进上来的1，得到的结果是9。

所以我们最终的得数就是：2579+6643=9222。

千位	百位	十位	个位
2	5	7	9
+ 6	6₁	4₁	3
		2	2

千位	百位	十位	个位
2	5	7	9
+ 6₁	6₁	4₁	3
9	2	2	2

小朋友，请你也用竖式，尝试完成下面几个算式吧。

6435+890=

3892+4463=

7980+2374=

扫码开始
- 冒险勇气值测试
- 冒险智慧值提升
- 冒险游戏值挑战

第三章

减法的重要性

有了米果教的加法竖式的运算方法，村民们终于可以计算比较多的果子的数量了，他们把所有的果子堆积在一起后，经过计算，发现一共有 38 颗果子。

得知这个消息的村民们窃窃私语起来："这样的话，我们就不用把孩子送去做奴隶了。"

可刚刚来到村子的米果还不知道发生了什么事，奇怪地问身边的多多："他们究竟在说什么？"

多多诧异地看向米果："尊贵的外乡人，你们的家乡难道不需要向'主人'供奉火焰果吗？"

"'主人'？什么'主人'？"

多多还没来得及回答米果，忽然传出了一阵惊恐的呼叫声："快逃啊，剑齿兽来了！"

正在庆祝的长尾人立刻大惊，四散奔逃了起来。只有不明所以的米果还傻傻地愣在那里，幸亏已经跑出好远的多多及时发现了他，又赶快冲回来，拉着他的手，向最近的一块大石头后面躲去。

　　就在两人躲好的一瞬间，远处滚滚的烟尘已经冲了过来，伴随着巨大的咆哮声，大地都震动了起来，似乎有什么庞然大物正在接近。

　　大石头后面的多多已经被吓得用尾巴裹住身体，全身都蜷成了一个团。

　　米果却按捺不住心中的好奇，从石头后面探出头。只见弥漫的烟尘越来越近，来到长尾人堆积的红色果子附近后停了下来。

烟尘慢慢散去，米果终于明白长尾人为什么逃走了——冲过来的是一群可怕的怪兽。它们一共有6只，按地球上的计量单位，每只怪兽都有2米多高，4米多长。它们的样子很像地球上的老虎，可它们的身上却没有毛发，只披着一层闪光的碧绿鳞片，血盆大口中还伸出两颗长长的獠牙，额头正中长着一只火红的眼睛。

　　远远看去，它们和地球上远古时代的剑齿虎有点儿相似。

　　剑齿兽似乎对长尾人并不感兴趣，没有追赶长尾人，它们的目标很明显是那堆火红的果子。

果然，接下来，这些剑齿兽不约而同地张开大口，每只衔住几颗果子后，便转身离去了。

　　直到大地的震动彻底停下，剑齿兽的身影完全消失，多多才战栗着舒展身体，而刚刚四散逃走的长尾人也慢慢聚拢了回来。

　　"这些怪兽经常来抢夺你们的果子吗？"米果问大家。

　　长尾人躲藏得这么熟练，一定是经历过很多次类似的事件了。

　　多多看了看米果，再次奇怪地反问："剑齿兽千万年来一直是我们长尾人的邻居，难道你的家乡没有吗？"

　　米果挠挠头，好不容易才想到一个借口："我们那里的剑齿兽可能很久以前就灭绝了吧。"

　　"你的家乡一定也经历过可怕的破坏吧？"多多向米果投来了同情的眼神，解释说，"火焰果在破败的美尼亚星能换取很多生存资源，而火焰果生长的地方环境太过恶劣，只有咱们耐热的长尾人才能采集。其实在很多年之前，剑齿兽都是用劳动向我们换取火焰果的，直到我们的星球陷入危机后，火焰果的产量越来越少，连我们自己都不够用了，所以没法再和剑齿兽进行交易，慢慢地，它们就只能来抢了……"

就在两人谈话的时候，其他的长尾人却喊喊喳喳争吵了起来，而争吵的原因竟然是谁也搞不清刚才剑齿兽究竟抢走了多少火焰果。

　　闻声赶来的米果望着地上剩下的火焰果，奇怪地说："这有什么可吵的？我们只要运用减法，用火焰果的总量减去剩下果子的数量，不就知道剑齿兽究竟抢走多少果子了吗？"

"减法？我们刚刚才学会加法，还从来没听说过什么是减法啊？"包括多多在内，所有长尾人的头顶都"冒"出了一个问号，他们一齐望向了米果。

哈哈，看来米果又必须向长尾人讲解一下什么是减法了。我们快来陪米果的新朋友一起温习一下减法的知识吧！

减法是加法的逆运算，也是基本的数学运算之一，是从一个数中减去另一个数的运算。简单来说，就是已知两个加数的和与其中一个加数，求另一个加数的运算。表示减法的符号是"–"，读作"减号"。

和加法相反，减法是用一个数减去另一个数的过程。比如，我们有 7 个苹果，吃掉了 3 个之后，还剩几个呢？

这个时候就需要用减法来计算了：7−3=4。

我们同样可以在数轴上理解减法的意义，举例：9-4=？

和学习加法运算一样，我们先画一根数轴，标上数字0~10。

然后我们先在数轴上找到9的位置，然后向左倒数4个点，于是我们来到了5的位置。

所以得出结论：9-4=5。

这就是简单的减法运算。

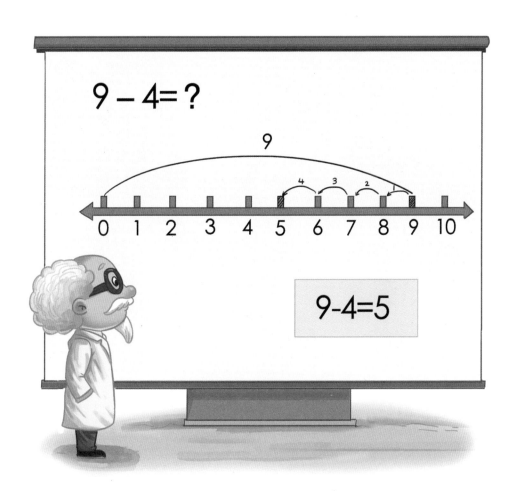

扫码开始
冒险勇气值测试
冒险智慧值提升
冒险游戏值挑战

第四章

学会竖式减法

　　跟着米果学会减法后，长尾人更加心疼了，他们冒着生命危险，在岩浆河流采摘回来的火焰果，就这样被抢走了那么多，之前的努力几乎都白费了。

　　"怎么办？怎么办？如果没有足够的火焰果，我们的孩子又要被'主人'抓去做奴隶了。"长老用力地敲着拐杖，眼神中充满了悲戚。

　　人群中立刻传出一阵哭声，米果望过去，是人群里那几个偎依在妈妈身边的孩子在哭喊着，他们不想离开自己的爸爸妈妈。

　　"'主人'？"米果忽然想起多多之前已经提到过很多次他们的"主人"。

　　"你们的'主人'究竟是谁？他为什么要火焰果？为什么会抓走孩子当奴隶？"

　　多多再次向米果投来了诧异的眼神："同样生活在美尼亚星，难道你们的家乡没有'主人'吗？你们的族人难道不向'主人'献上贡品吗？"

　　"我的家乡应该是被'主人'放弃了，这也是我四处流浪的原因。"米果实在不懂多多口中的"主人"是谁，只好找了一个借口来搪塞。

　　"没有'主人'的保护，你们真是太可怜了。"多多望着背井离乡的米果，眼神中竟然充满了怜悯，"'主人'为了保护我们，需要大量的火焰果。如果没有火焰果，村子里的孩子就会被带走做奴隶，通过做工回报'主人'为我们的付出。但我们并不怨恨'主人'，我的妹妹就被'主人'带走做奴隶了，'主人'告诉我们，奴隶的生活比在家里还幸福。"

　　"什么？你竟然心甘情愿地让自己的妹妹去做奴隶？这个'主人'一定有问题。"米果的心中生起一团愤怒的火焰，"难道你们就没有想过反抗吗？把你们的'主人'赶走，让你们的家乡回归和平与繁荣。"

"嘘——"多多吓得立刻捂紧了米果的嘴巴,"快不要乱说话了,'主人'是我们星球的救世主,我们怎么能反抗他呢?"

"可是……可是……"

米果还想继续劝说,可多多却用力地摇了摇头,继续说:"在十几年前,我们中间有人联合了地鼠家族、剑齿兽家族,企图推翻'主人'的统治。可反抗失败了,无数的勇士牺牲了。'主人'为了惩罚它们,抓走了它们家族中的很多人去做奴隶。只有我们这些能够采集火焰果的长尾人一直在受'主人'的庇护,我们感激还来不及呢!"

"也就是说,还有人在继续进行反抗活动?"

米果的眼前一亮，他最大的优点就是总能在黑暗中寻找到那一丝依稀的光明。

"只有数量庞大的地鼠家族还在进行秘密反抗。可是，就连剑齿兽都隐匿起来，靠抢夺我们的火焰果生存了，地鼠的反抗应该也不会有结果的。"

"多多，快告诉我，地鼠家族住在哪里？我要去拜访它们。"

"你……你想干什么？"多多连连摇头，"地鼠家族说我们长尾人放弃反抗，是叛徒，已经不再承认与我们是朋友了。"

"放心吧，我只是一个路过的流浪者，不会和它们发生冲突的。如果遇到什么危险，我就回来寻求帮助。"米果向善良的多多保证说。

拗不过米果的多多犹豫了一会儿，忽然说出了一句米果没想到的话："通往地鼠家族的路太难走，还是让我带你去吧。"

　　米果看着多多真诚的眼神，也不再客套，转身对着村民们说："离开前，我再教给你们一种计算方法。"

　　米果拿起一块石块在地面上写写画画，给长尾人送上了一份临别大礼——竖式减法运算。我们快来跟着温习一下，打好数学的基础吧！

和加法一样，当我们遇到较大数字的减法时，普通的计算方法就会很麻烦。这个时候我们也可以用竖式来快速找到答案。

我们可以尝试用竖式来计算减法：863-254=？

百位	十位	个位
8	6	3
− 2	5	4

和用竖式计算加法一样，用竖式计算减法同样需要把进行运算的两组数字数位对齐上下放在一起，较大的数字放在上面，较小的数字放在下面。

然后，我们必须从个位开始，用上面的数字减去下面的数字。

我们先用个位上的3减4，但3比4小无法完成这个任务，只能从十位上借1当10，个位上的3就变成了13，减去下面的4后得9。

百位	十位	个位
8	6	3¹
− 2	5	4
		9

而此时上面十位上的 6 因为借给个位数 1，所以就只剩下了 5，减去下面的 5 后，结果是 0。

最后我们再用上面百位上的 8，减去下面百位上的 2，结果是 6。

	百位	十位	个位
	8	6	¹3
−	2	5	4
		0	9

	百位	十位	个位
	8	6	¹3
−	2	5	4
	6	0	9

所以：863−254=609。

这就是用竖式计算减法的方法，熟练地运用竖式计算减法，即使很多位的数字减法运算我们也能算得又快又准。

接下来小朋友可以自己尝试一下，用竖式完成下面几个算式吧。

6543−4278=

753−569=

3273−894=

深邃而黑暗的太空，早已失去了以往的宁静，一艘巨大的太空母舰跳出翘曲空间，停驻在了美尼亚星附近的外太空中。

一艘艘小型穿梭机穿过美尼亚星的大气层，向母舰运送着各种资源。

就在这来来往往的忙碌中，谁也没有注意到，一艘小小的救生舱从母舰的一个角落里偷偷地驶出，快速消失在了黑暗的太空中。

当母舰内部发出警报信号时，那艘不起眼的救生舱已经消失在美尼亚星的大气层中，不见了踪影……

离开长尾人居住的盆地后，天气忽然大变，炙热的阳光从空中直射下来，火辣辣地刺在皮肤上，米果感觉自己就像铁板上的一块烤肉，眼看就要"滋滋"冒油了。

"真是太热了！"米果抱怨说。

可多多并没有附和米果的抱怨，反而舒服地伸了个懒腰，用尾巴拍拍好朋友的脸蛋儿说："我倒觉得这天气蛮不错，我最喜欢夏天了。"

"哎哟！烫……烫死了！快把你的尾巴拿开！"

米果惊叫一声，像猴子一样蹦起老高，手忙脚乱地把多多的尾巴推开。

"你果然不是长尾人。"多多毫不惊讶地说，"我们长尾人是光合动物，包括面部在内，全身都覆盖细密的鳞片，鳞片可以储存大量的热量。所以我们只要有充足的阳光和一丁点儿水分，即使长时间不吃饭也能活下去，还特别耐高温，'主人'之所以选我们采集火焰果，应该也是这个原因。"

"我……那个……"米果立刻结巴了起来。

"你不用解释了，我相信你不是坏人。"

多多摆摆手，只管带着米果翻过两座山头，来到了一个深深的洞穴入口，低声说："这里就是地鼠家族洞穴的一个入口，我们两个种族虽然不再是朋友了，但我们真的从来没有向'主人'透露过它们的住处，我们并不是叛徒。"

米果点点头，他很理解多多矛盾的心情，跟着多多慢慢地走下了台阶。多多打开鳞片，从身体中放射出红色的光芒为米果照亮。也不知走了多久，他们来到了一条静悄悄的地下小街。

　　米果惊异地发现,地下小街的两旁竟然种植着许多巨型"植物",它们的形状就像大海里的水母,只是没有生活在水里,而且体形很大,把整个小街覆盖得严严实实。伞盖下发出晶莹的蓝色光芒,温柔地洒向地面,从一道道蓝色光束下面走过,就像在清凉的海水中游泳一样惬意。

　　"这是我们美尼亚星特有的植物——地下蓝薹,可以调节附近的温度。"

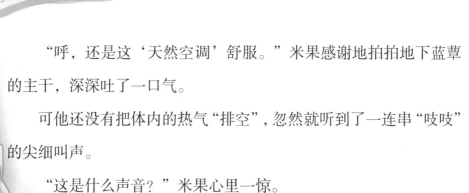

"呼，还是这'天然空调'舒服。"米果感谢地拍拍地下蓝蕈的主干，深深吐了一口气。

可他还没有把体内的热气"排空"，忽然就听到了一连串"吱吱"的尖细叫声。

"这是什么声音？"米果心里一惊。

"地下蓝蕈虽然美观，但对于地鼠来说，它可不是用来观赏的，而是育婴室。地鼠在蓝蕈里面产崽、养育幼崽，很难被发现。"

听了多多的解释，米果猜想自己刚刚的触摸已经惊动了正在发育的地鼠宝宝。

"地鼠很讲究秩序，每棵蓝蕈上都会住着 4 个地鼠家庭。不过成年地鼠白天要到地下挖矿，应该都不在家。"多多继续说。

"哇，那这小小的一条街，就住了 96 个地鼠家庭啊！"米果感叹说。

多多疑惑地问："你怎么知道这条街有 96 个地鼠家庭呢？"

"哦，我忘记了，还没有教过你乘法。"米果忽然想起一件事，给多多讲解说，"这条小街一共有两排蓝蕈，每排 12 棵，按你说的每棵树上有 4 个地鼠家庭，用乘法计算一下，很容易就会得出正确答案。"

那么好吧，就让我们的主人公暂停冒险，休息一下，我们来和多多一起学习一下乘法吧！

乘法是数学的基础运算方法之一，可以理解为把一个数扩大若干倍，例如 4 乘 5，得数就是 4 的 5 倍，也可以说成 5 个 4 连加。乘法运算结果称为积，"×"是乘号。

乘法究竟是怎么回事呢？我们可以看一下下面的几排苹果。我们每排放 3 个苹果，放 5 排。

如果用乘法计算苹果的数量就是 3×5，结果是 15，也就是说我们有 15 个苹果。

那么接下来我们换一种方式，每排放 5 个苹果，放 3 排，结果又会怎么样呢？

同样用乘法算式来计算，结果还是 15。

$$3 \times 5 = ?$$

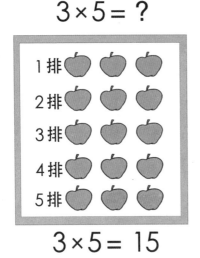

$$3 \times 5 = 15$$

$$5 \times 3 = ?$$

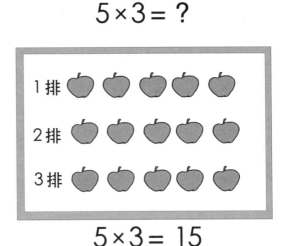

$$5 \times 3 = 15$$

这就是乘法的实际运用方法，简单来说，乘法就是把数重复相加。

我们依然用苹果做例子。每排 3 个苹果，放置 5 排。

其实就是把 3 重复地加 5 次，3+3+3+3+3=15。

所以，我们可以看到，3+3+3+3+3=3×5=15。

小朋友，开动脑筋，把下面这些加法算式快速地变成乘法算式来计算一下吧。

9+9+9=

6+6+6+6=

5+5+5+5+5=

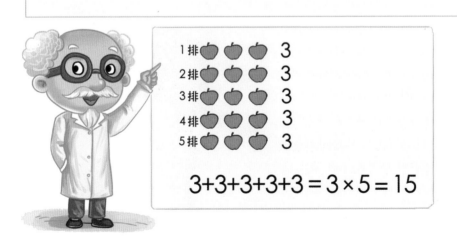

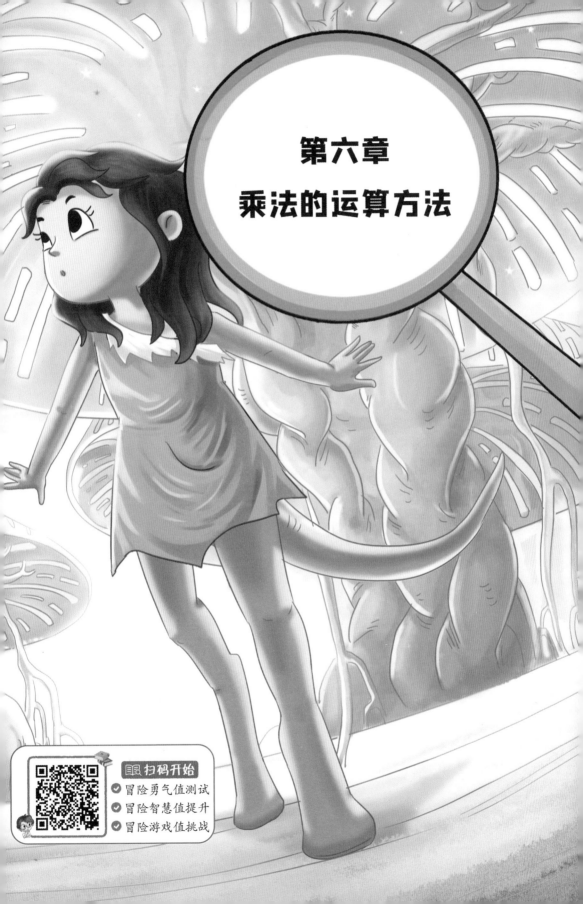

第六章

乘法的运算方法

可就在这时，道路两边的蓝蕈忽然骚动了起来，"吱吱"的叫声越来越大，越来越密集。

米果奇怪地问："这是怎么回事？"

多多慢慢皱起了眉头："正在发育的地鼠幼崽如果发现危险，会加快发育速度，给自己争取时间逃往安全区域，甚至会把附近出现的所有生物当成入侵的敌人而发起'攻击'。"

"可是，我们也没有做什么啊，为什么它们会觉得危险呢？"

"我也不知道，但很奇怪，自从接近这里，我一直有种奇怪的感觉！"

　　米果刚刚发出这样的质疑，忽然，"哗啦"一声响，地下蓝薯猛烈地摇摆起来，一大片地鼠"稀里哗啦"地从伞盖中跳下来，劈头盖脸地砸向了米果。

　　即使米果已经在宇宙博士的电脑资料库里见识过各种奇形怪状的外星生物，这猝不及防的"攻击"还是让他乱了阵脚。他被踩得抱着脑袋，蹲在地上一动也不敢动，虽然刚刚出生的幼年地鼠还不会咬人，可被抓伤眼睛也挺麻烦的。

　　也不知道过了多久，直到没东西在自己身上蹦蹦跳跳了，米果才试探着抬起头往前看……

　　"怪物！"

　　米果立刻发出一声惊叫，一个恐怖的身影……就站在离他几米远的地方！

　　天哪，原来把地鼠幼崽吓得提前发育、四散奔逃的并不是米果和多多，而是这只怪物！

　　这怪物火红色的身体有两米多高，长着节肢动物一样的外骨骼，两只蚱蜢一样的跳跃足支撑着地面，两只螳螂臂一样的"镰刀"在空中挥舞着。它的头颅并不像节肢动物，它有着锋利的牙齿，那面容看起来似乎有点儿眼熟……

这究竟是什么生物？怎么从来没有听宇宙博士说起过！

米果吓得步子都迈不开了，只觉得"嗖"一下，怪物瞬间出现在了他的面前，锋利的"镰刀"一下子扣住了他的肩膀，巨大的力量让他动弹不得。

"呜呜……不……不要吃我！我……我的作业还没做完呢！"米果被吓得都语无伦次了。

"姐姐……逃走……，坏人来……逃走……"面前的怪物用嘶哑的嗓音，艰难地迸出了几个星际通用语的单词。

"呜呜，我……不是你姐姐，我……我长得虽然不够帅，但也不像昆虫啊！"米果的挣扎毫无作用，他鼻涕一把泪一把地大叫起来。

　　"家人……星球……危险……姐姐……"面前的怪物似乎也十分焦急，却又无法完整地表达自己的意思。

　　沉默了片刻，怪物忽然放开了米果，用巨大的"镰刀"小心地向他展示出一张照片。

　　"它似乎并没有什么恶意……"

　　米果好不容易控制住自己的情绪，大着胆子靠近照片刚要看，身后忽然传来了一阵长鸣的警报声。

　　嗖的一下，面前的怪物立刻一跃而起，消失在了蓝蕈巨大的伞盖之间。

　　紧接着，两名穿着制服、踩着喷气滑板的外星人冲了过来，连声问："刚刚我们发现有大量地鼠出没，你们没有受伤吧？"

　　"'主人'！你们怎么来了？"多多忽然惊讶地说。

　　"这就是你说的'主人'？"米果有些惊讶地望向突然赶来的两名外星人，竟然没有自己想象得那么讨厌，因为……他们长得太像地球人了，简直和地球人一模一样。

　　但米果只是摇了摇头，悄悄把照片塞进口袋，望望头顶摇曳着的伞盖，什么也没有说。多多看看米果，她也没有说出昆虫人的事情，目送着两名"主人"离开了。他们走远之后，地面上忽然响起一阵窸窸窣窣的声音，一大群幼年地鼠拥了回来，飞快地爬回了属于自己的蓝蕈。

　　米果立刻忙了起来，看准一棵蓝蕈数了半天，扭头对多多说："我数过了，一棵蓝蕈上能养育216只地鼠，接下来我教你怎么用竖式计算乘数比较大的乘法吧。"

　　和加减法一样，当乘法遇到多位数运算时，我们用普通的方法也很难得出答案，那么这个时候我们就要学会运用竖式来进行计算了。

　　我们用竖式来计算 75×63= ？

　　和用竖式计算加减法一样，我们先把相同的数位对齐，上下排列。

　　先计算个位 5×3，得出 15 个 1。我们把 5 写在个位上。十位的 1 代表 1 个 10，进位到十位，等待使用。

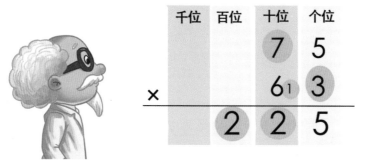

　　接下来我们再计算十位上的 7×3，得到 21 个 10，加上个位数进位的 1 个 10 得到 22 个 10；把 2 写在十位上，代表 20 个 10 的 2 进到百位，得出 75×3 的结果：225。

　　当乘数十位上的 6 与数字 75 相乘时，实际上它代表的是 60，所以我们的计算结果从十位上开始写。

然后我们重复之前的运算步骤，将 6 和上一行每个数位上的数字分别相乘，得出结果 450。

接下来，我们将刚刚得出的两个新的数字，利用竖式进行加法计算，得出结果 4725。

也就是说：75×63=4725。

千位	百位	十位	个位
		7	5
		6₁	3
×			
2	2	2	5
	3	0	

千位	百位	十位	个位
		7	5
		6₁	3
×			
	2	2	5
4	5	0	

这就是乘法的竖式运算法则，小朋友，你也可以尝试用竖式计算出下面几个算式的结果。

67×89=

763×24=

653×278=

千位 4	百位 2	十位	个位
		7	5
×		6₁	3
	2	2	5
+	4	5	0
4	7	2	5

“多多，你是怎么回事？怎么连这么简单的竖式乘法都学不会呢？”米果皱着眉头问多多。之前他教多多其他计算方法时，多多学得可快了。

“我好像觉得有点儿不对劲，这附近好像有我妹妹的气息。”

原来，长尾人还有一个米果不知道的秘密：他们的族群有心灵感应能力，同类相距越近，心灵感应就越强，同一家族甚至可以进行远距离精神沟通，这也是他们能够适应恶劣环境的重要技能之一。虽然现在他们的这种能力已经退化了，但血缘关系近的亲属，在一定的范围之内还是能感应到的。

“对了！”

米果听了多多的解释，忽然想起了什么，从怀里摸出了昆虫人给自己的照片并递给了多多。在米果看来，照片上是两名长相差不多的长尾人，但多多一看，立刻就惊叫起来："这……这是我和妹妹的合照啊！"

　　"果然是这样！"米果没有接着解释，而是引导多多说，"用你的心灵感应感觉一下，你的妹妹是不是在附近。"

　　多多闭上眼睛，用心感受着那种血脉相连的感应，她的眼角升腾起一片雾气，呜咽着说："我感觉到妹妹了！我真的感应到了！她就在附近！"

忽然，米果听到身后有一阵异响，连忙阻止多多："多多！先停下！"

可多多掩饰不住内心的兴奋，伸手指向了头顶的某一片蓝蕈伞盖："我的妹妹，就在那里……"

"锁定目标！击落！"

几乎与此同时，一道光波忽然射向了多多指向的地方。

光束穿过了蓝蕈巨大的伞盖，伞盖上发出一声低沉的惨叫，一个红色的影子跌落了下来，正是那个昆虫模样的"怪物"。

"消灭知情者。"

　　原本已经离开的"主人"不知道从哪里忽然出现，发出了毫无感情的机械音，手心中的光波闪耀起来，对准的竟然是……多多！

　　"不许……伤害……姐姐！"

　　就在多多还不明白发生了什么的时候，刚刚被击落的"怪物"竟然又跳了起来，它坚硬的外骨骼抵消了光波的部分伤害，变形的身体敏捷有力，猛地把两名"主人"撞倒在地，挥舞着几乎折断的"镰刀"和他们搏斗了起来。

　　"你是……你是……"即使心灵感应如此强烈，多多还是无法认出眼前这个"怪物"。

"姐姐……逃走……"

"怪物"紧紧缠住两名"主人",扭头向多多喊道。

"你是……妹妹……"

血脉中割不断的感应,终于让多多相信了这个面目狰狞的怪物就是自己的妹妹。

多多大叫一声,不顾一切地冲了过去,紧紧抱住了其中一名"主人",她全身的鳞片都变得炙热通红,愤怒带来的高温把"主人"的皮肤都融化了,下面露出的……竟然是闪亮的金属!

"保守秘密,消灭!消灭!"

　　两名"主人"同时发出生硬的机械声音，身体扭曲着膨胀起来，崩裂的皮肤下面全部都是金属"组织"！

　　虽然多多是力大无穷的长尾人，但她终究尚且年幼，很快，姐妹两人都被机械"主人"甩到了一边。

　　"保守秘密，消灭！消灭！"

　　随着机械的声音，光波瞄准了姐妹两人，再次开始闪耀。多多紧紧抱着变成了怪物的妹妹，闭上了眼睛。米果知道自己无法改变眼前的一切，也无力地闭上了眼睛。

　　"噼啪啪！"

　　一阵刺耳的电流声响了起来，多多惊奇地发现自己并没有受到任何伤害。

　　"嘿嘿，我早就怀疑这些家伙有问题，这么完美的身体结构怎么可能是生物体？原来是机械外壳啊！"

　　米果赶紧睁开眼睛，发现身边站着好多半人高的地鼠，带头的一只地鼠正举着专门对付机械生物的电磁枪，把两名"主人"电得瘫痪在了地上。

　　"它们……它们就是成年地鼠。"多多心有余悸地向米果介绍。

　　"那个陌生的长尾人，快想办法证明你不是这些家伙派来的间谍！不然……"为首的成年地鼠一边说着，一边举枪瞄准了米果。

"我……我……"看着被拉到一边的多多，米果有些慌了。他看得出来，那只成年地鼠说得出做得到，手指已经要扣动扳机了。

　　"我……我不是间谍，我懂数学！这些侵略者是不允许他们的手下懂数学知识的！"

　　米果急中生智，大声喊道。

　　地鼠扣着扳机的手一下子松开了："你真的懂数学？懂除法吗？"

　　"懂，当然懂！我先给你讲一些简单的除法知识吧。"虽然米果被吓得满头大汗，却顾不上擦，连忙给地鼠们讲起了除法的计算方法。

知识加油站

除法也是数学的基本运算方法之一，是乘法的逆运算，就是把一个数字分为几个等份的过程，或者是求出一个数是另一个数的几倍。在运算中，被分解的数称为被除数，除号后面的数称为除数。

举例来说，我们一共有 32 个苹果，想平均分给 4 个人，每人分几个才合适呢？这时候就可以用除法进行运算了：32÷4=8，每个人可以分到 8 个苹果。

$$32 \div 4 = 8$$

再看这个问题：小明有 8 个苹果，小红有 4 个苹果，小明拥有的苹果数量是小红的几倍呢？我们同样可以用除法进行计算：8÷4=2。小明拥有的苹果数量是小红的 2 倍。

第八章

除法的运算方法

就在米果教地鼠简单的除法的时候，另一批成年地鼠已经把"主人"的机械外壳硬生生给割成了两半。两个比幼年地鼠大不了多少、像小猴子一样的东西逃了出来，立刻被围成了一圈的地鼠抓住，装进了一只玻璃瓶里。

"蜂猿？怎么会是你们？"地鼠们一个个露出厌恶的表情。

连多多都诧异了起来："你们不也是美尼亚星人吗？虽然我们是不同种族，但也算同一个星球的同胞，你们为什么要……"

两只小猴子一样的蜂猿捶着瓶子内壁，还想表情凶狠地威胁多多，举着瓶子的地鼠忽然举起了锋利的爪，眼中寒光四射："把你们的阴谋都说出来，不然……我的收藏里就要多两个解剖标本了！"

瓶子里的蜂猿立刻露出恐惧的神情，举手投降："我……我们什么都说！"

原来，五百个地球年前，身材弱小的蜂猿恣意消耗自己在美尼亚星的资源，被同星球的其他种族一起抵制。贪心的蜂猿族竟然投靠恶魔人，把自己的星球彻底毁坏了。然后它们利用恶魔人送的机械铠甲伪装成外星人，以"主人"的名义奴役自己的同胞。那些被它们带走的各种族奴隶，竟然被恶魔人残忍地改造成适合在恶劣环境下生存的"昆虫人"，在许多环境恶劣的星球上为它们开采资源。

多多的妹妹就是其中的一个。

近千年来，恶魔人利用类似的阴谋奴役着数百个星球上的生物，如果不是这一次意外，多多他们还相信"主人"是来帮助美尼亚星的。

　　得到了这些重要情报，地鼠们也确定了米果不是敌人的奸细，立刻带着他来到了一个位于更深的地下的洞穴中。

　　这是一个十分宽敞的地下洞穴，洞穴的顶部悬挂着一盏油灯，洞穴里除了一张小床和一张摆满杂物的桌子，还摆放着大大小小的瓶瓶罐罐，里面盛着各种颜色的液体。

　　洞穴中间，一位拿着长长的木杖，穿着大大的黑袍，留着白白的长胡子的地鼠正在一口和它差不多高的大锅前搅动着，大锅中"咕嘟咕嘟"翻滚着绿色的气泡，里面的液体看起来有点儿恶心。

　　白胡子的地鼠一定是个魔法师吧？米果想，它的样子简直和童话书上看到的一个样，那口大锅里熬的一定是魔法药剂吧？比如可以让人飞起来的药剂，可以让作业本自己写作业的药剂，或者可以让人的脑袋再聪明一点儿、即使整天玩儿也能考一百分的药剂……

　　米果连蹦带跳地跑到"魔法师"身边，兴奋得都不知道说什么好了。终于看到真正的"魔法师"了，是不是可以让它帮助实现三个愿望呢？童话书上可都是这么写的！

　　"魔法师"好像也觉察到了米果期待的眼神，只见他神秘兮兮地拿出了一只黑乎乎的木碗，从大锅里盛了满满一碗绿色的液体递给米果："把它喝了吧。"

　　绿色的液体在碗里还"咕嘟咕嘟"地冒着泡，发出一股刺鼻的味道，比下水道的味道还要难闻，米果强忍着没有吐出来。

　　"我必须忍耐，魔法药水……当然都是这个样子的。"米果捏着鼻子安慰自己，忍不住又问了一句，"喝了它能让我变聪明吗？"

　　"不能。""魔法师"回答。

　　"那……能让我比体育老师的力气还大吗？"

　　"也不能。"

　　"那就是……能让我飞起来，对不对？"

　　"飞起来？你又不是鸟，怎么能飞起来？""魔法师"露出了奇怪的表情，觉得米果有点儿傻乎乎的。

"那我喝了它会有什么作用呢？"米果实在想不到答案了。

"这是我熬的蜘蛛汤，喝了它可以让你不饿。""魔法师"平静地向其他人招手，"这是我为大家煮的早餐，大家一起来喝吧！"

米果一把将那碗恐怖的"早餐"塞回"魔法师"手里，以百米冲刺的速度一溜烟儿地跑了。

　　"快不要闹了。"带米果进来的地鼠拦住白胡子地鼠说，"我终于找到了会除法的人，他可以帮我们合理分配战斗物资，我们可以对敌人宣战了！"

　　"这么个小不点儿，真的懂除法吗？"白胡子地鼠怀疑地问。

　　"看来我必须给你们露一手了，大数字运算必需的竖式除法，想让我教给你们吗？"米果捂着鼻子说。

让我们用一个例子来具体讲解除法的运算方法吧：

计算 754 ÷ 32= ?

让我们先来写下竖式除号，然后把被除数 754 写在竖式除号里面，再把除数 32 写在竖式除号的外面，也就是 754 的左边。

接下来我们尝试用被除数最高位上的数字除以 32，因为百位上的 7 太小，不够除以 32，所以我们就用百位和十位上的数字 7 和 5 组成数字 75 除以 32。

75 中包含 2 个 32，我们就把所得的 2 写在被除数十位数 5 的上边。

2 个 32 为 64，我们就把 64 对应写在 75 的下边。

接下来我们用 75 减去 64，得出的 11 就是余数；把被除数个位上的数字移下来，放在 11 的旁边，就变成了 114。

我们再用 114 除以 32，依然使用刚才的方法，在竖式除号上方的个位数位值得到数字 3，余数是 18。

那么我们就得到了一个结果：754÷32=23……18。

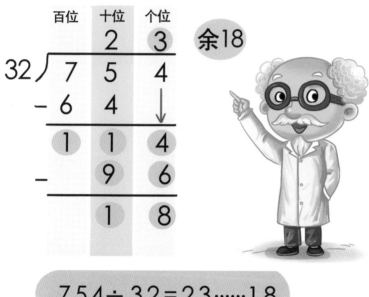

$$754÷32=23……18$$

在整数除法中，余数 18 就是把 754 平均分成 32 份之后，剩下的不够一等份的数量。

下面，我们尝试用除法来解决一道难题：

水果店老板采购了 738 枚草莓，他答应小明把草莓平均分成每盒 30 枚，剩余的就留给小明。那么这些草莓能分多少盒？小明能留下几枚草莓呢？

大家快用除法来计算一下吧。

　　"你们要分配的究竟是什么资源？"米果讲解完后，奇怪地问。

　　"我是地鼠的首领多米，这位是我们部族的大仓长老。"带大家进入洞穴的成年地鼠沉默了一会儿，这才说，"我代表起义军向你们介绍一下我们的秘密。"

　　大仓长老站了起来，用手杖在洞穴上一画，一整面墙壁竟然全都消失不见了，而里面露出来的竟然是一颗颗放射着红光的火焰果。

　　"被剑齿兽抢来的火焰果都在这里。"多米首领说，"根据秘密情报，恶魔人很害怕火焰果，但究竟要怎么用，我们还是没有找到线索。"

"原来这么久以来，我们都误会剑齿兽了，真正助纣为虐的其实是我们长尾人啊！"多多惭愧地说。

"不，长尾人也是受害者。但是我们现在有一个好消息。"多米首领兴奋地说。

"好消息？"

包括米果在内，所有人都竖起了耳朵。

"据说，在一个遥远的蓝色星球上，出现了一名勇士，他不但拯救了自己的星球，还穿越到很多别的星球，把恶魔人打得节节败退。"多米首领兴奋地说。

　　大仓长老顿了顿拐杖，接着补充："根据外太空传回来的情报，这个英雄的名字叫作米果，长得高大威武，三头六臂，一拳就能击穿一艘恶魔人的太空飞船。"

　　"什么？我哪里有三头六臂？"

　　伪装成长尾人的米果缩了缩脖子，原来美尼亚星人也和地球人差不多，散播谣言的时候都这么离谱啊。

　　"所以，现在也是我们该行动起来的时候了，我们要和英雄米果一起战斗！"多米首领挥舞着手臂，大家一起欢呼了起来。

　　"但是，我们该怎么开始行动呢？"多多忽然问。

　　"这个……"

大家又一次犯了愁，纷纷交头接耳，却没有一个人能拿出可行的计划。打仗可不是容易的事情，需要多少士兵、多少粮食、多少弹药，都需要认真地计算。

　　大仓长老挥动着手杖，让大家安静下来："这么吵不是办法，我们需要一个指挥官，让他来指挥大家，让他来安排战斗！"

　　"对！这是个好主意！"大家都同意了。

　　"可是，让谁来当指挥官呢？"多米问。

　　所有的目光都齐刷刷地望向了米果！

"我？可是……"米果可没有做指挥官的准备，这个任务也太重了吧。

"没有时间了，小艾先生，这里只有你能用数学帮助我们！想想你被敌人破坏的家园，快下决心吧！"多多对米果投来了鼓励的目光。

"我的家园？"

米果忽然想起了曾经被恶魔人破坏的地球，在场的伙伴们应该就和当时的他一样——最大的希望就是能拯救自己的家园啊。

米果终于点了点头："好吧，我答应大家，但我缺乏战斗经验，真的不能当指挥官。我可以把数学运算的顺序教给大家，大家再布置作战计划就容易多了。"

"这倒也是一个好方法。"多米首领和大仓长老对望了一下，同意了米果的提议。

"好吧，之前，我已经教过大家加减乘除的方法，但在实际运用中，加减乘除可能会出现在同一个事件中，这个时候，我们就必须注意运算顺序了。"

米果拿起一根木棍，在地面上给大家讲起了在计算过程中尤为重要的运算顺序……

日常生活中，在我们需要进行数学计算的时候，往往不是单纯地只加、减、乘、除，而常常是四种基本的运算法则混合使用。所以了解运算顺序十分重要。

所有的数学运算，都要遵循这样的顺序：先乘方，后乘除，最后加减，有括号的先进行括号内的计算。同级运算时，按照从左到右的顺序。

我们可以在这个实例中，慢慢掌握数学中的运算顺序：$20-（3+5）÷2+24=$？

按照运算顺序，我们应该先计算括号内的部分，算式就变成了以下结果：$20-8÷2+24=$？

$$20 - (3+5) \div 2 + 24 = ?$$
$$20 - 8 \div 2 + 24 = ?$$

然后，我们要先算乘除，这个算式中没有乘法，那我们就先算除法，算式就变成了以下结果：$20-4+24=$？

$$20 - 8 \div 2 + 24 = ?$$
$$20 - 4 + 24 = ?$$

那么剩下的就只有加减法了，我们从左向右依次运算即可。得到最后的结果是:16+24=40。

所以：20-（3+5）÷2+24=40。

第十章

最重要的运算法则

　　美尼亚星的反击开始了，所有被恶魔人压迫的种族都团结起来，组成了反抗联军。

　　背叛了自己星球的蜂猿家族很快就被联军打败了。在蜂猿家族的大本营中，联军不但缴获了大批资源和武器，还发现了数百艘蜂猿为恶魔人运送物资的穿梭机。

　　多多的妹妹在大仓长老的治疗下，逐渐蜕下坚硬的昆虫外壳，恢复了长尾人的形象，她凭借记忆为大家画下了太空航线，指出了恶魔人母舰在太空中的位置。

　　接下来，每个家族都派出了自己的勇士，驾驶着用火焰果做能

源的穿梭机，开始向外太空的恶魔人母舰进发。

最后的战斗终于开始了，浩渺的星空下，几乎所有的美尼亚星人都聚集在了一起，他们高举双手，欢送勇士们奔赴战场，看着勇士们慢慢和星光融合在一起。

作为重点保护对象的米果，当然不被允许参加敢死队，他站在人群中，望着那些慨然奔赴战场的勇士们，忍不住热泪盈眶。曾经和恶魔人战斗过的他心中很清楚，面对强大的恶魔人母舰，这些奔赴外太空的勇士，回归家园的可能性已经很小了。

"绝对不能让这样的悲剧发生！"

米果想着，悄悄走出人群，藏在一块岩石之后，猛地一按隐藏在腰带上的一个按钮，隐藏在异空间中的机械战甲立刻闪现，飞速包裹了他的全身。

米果打开隐形装备，纵身一跃，在无人察觉的情况下，飞速穿越大气层进入了外太空。

外太空的战斗已经打响了，美尼亚星人驾驶着数百艘穿梭机，不顾生死地轰击着恶魔人母舰。但这些攻击如同蚂蚁撼树，根本伤害不了开启了防护罩的敌人。

而恶魔人的每一次反击，都充满了可怕的力量。母舰发射出巨

106

大的光束，在空中一扫，就有数艘穿梭机被击溃，驾驶室内的美尼亚星人连逃跑的机会都没有，就化作太空中的尘埃。

"警报！警报！恶魔人母舰正在启动死亡射线，穿梭舰逃生概率为0。"

米果的机械战甲忽然发出了一阵警报！

米果心中大吃一惊："怎么办？再不打破恶魔人母舰的防护罩，死亡射线一旦发射，所有的勇士就都会牺牲，多多也是其中之一啊！"

米果绞尽脑汁思考着，忽然想起了多米首领的一句话：恶魔人似乎很害怕火焰果。

　　米果眼前一亮，立刻通过秘密频道向美尼亚星人的飞行员发去了指令："所有的穿梭机，一齐将备用的火焰果投向恶魔人母舰。"

　　虽然没人能看到隐形的米果，但听到熟悉的"指挥官"的声音，大家立刻毫不犹豫地把作为备用能源的火焰果一齐投向恶魔人母舰。

　　奇迹竟然真的发生了，恶魔人母舰那坚不可摧的防护罩在火焰果的爆炸声中开始出现了裂痕，随着越来越多的火焰果投掷过去，防护罩以肉眼可见的速度腐蚀崩溃。穿梭机的进攻终于实打实地打击了恶魔人母舰。

　　太空里的真空环境无法传播声音，大家只能看到狰狞的恶魔人母舰发生着一团团剧烈的爆炸。

还没来得及蓄力发射死亡射线的恶魔人母舰被击中了能源模块，整个立刻化作一片火海，彻底覆灭了……

"胜利了！我们把恶魔人打败了！"

所有的美尼亚星人都欢呼了起来。

当多多和多米首领带着胜利的荣耀从外太空返回美尼亚星时，那名流浪的长尾人小艾却不见了，他拜托大仓长老留给了多多一页纸，上面密密麻麻地写满了数学知识……

"我的好朋友多多，我能给你们留下的，也只有最后的运算法则了，希望你们能够善用数学知识，重建自己的家园，把美好的善良与和平传遍宇宙……"

与此同时，英灵殿中一团光环闪现，米果回归！

"米果，你圆满地完成了任务！"守护神龙咆哮着，"从今天起，你就正式成为时空数学管理局的一员了！"

在数学运算中，有三个基础的运算法则特别重要，我们一定要把它们牢牢记住，它们分别是：交换律、结合律、乘法分配律。

1. 交换律：交换律适用于加法或乘法运算，在两个数的加法或乘法运算中，把从左往右计算的顺序改变为从右往左，结果不变。

乘法交换律公式：$a \times b = b \times a$

加法交换律公式：$a + b = b + a$

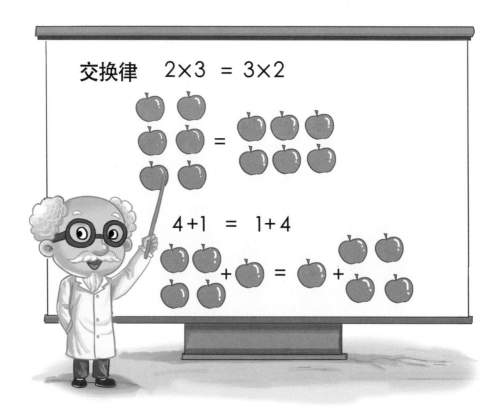

2.结合律：结合律同样适用于加法或乘法运算，三个及三个以上的数字相乘／相加，先把前两个数字相乘／相加，再和另外一个数字相乘／相加，或先把后两个数字相乘／相加，再和另外一个数字相乘／相加，结果不变。

乘法结合律公式：$(a \times b) \times c = a \times (b \times c)$

加法结合律公式：$(a+b)+c=a+(b+c)$

结合律　$(3 \times 2) \times 2 = 3 \times (2 \times 2)$

$(3+2)+2=3+(2+2)$

3.乘法分配律：两个数的和与一个数相乘，可以先把它们分别与这个数相乘，再将积相加。

乘法分配律公式：$(a+b) \times c = a \times c + b \times c$

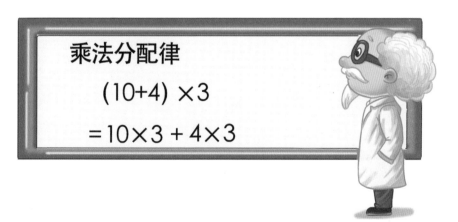

乘法分配律

$(10+4) \times 3$

$=10 \times 3 + 4 \times 3$